NOTICE RELATIVE

A UNE

CARTE GÉOLOGIQUE

DES ENVIRONS DE BORDEAUX

PAR

M. E. FALLOT,

PROFESSEUR A LA FACULTÉ DES SCIENCES
DIRECTEUR DU MUSÉUM D'HISTOIRE NATURELLE

BORDEAUX

IMPRIMERIE G. GOUNOUILHOU

11, RUE GUIRAUDE, 11

1895

NOTICE RELATIVE

A UNE

CARTE GÉOLOGIQUE

DES ENVIRONS DE BORDEAUX

PAR M. E. FALLOT,

PROFESSEUR A LA FACULTÉ DES SCIENCES.

La carte géologique à grande échelle $\frac{1}{20000}$ que j'ai dressée à l'occasion de la XIIIe Exposition de la Société Philomathique à Bordeaux, comprend une portion assez considérable du département de la Gironde, à savoir l'espace qui s'étend, du Sud au Nord, depuis Langon jusqu'au Bec-d'Ambès, et, de l'Est à l'Ouest, depuis Sauveterre et la basse vallée du Dropt jusqu'à une ligne passant, en pleine lande, de Castelnau vers le Barp.

Elle est destinée à donner une idée de la constitution géologique des environs de Bordeaux, ou plutôt de la distribution des terrains dans la partie de la Gironde dont Bordeaux occupe à peu près le centre.

C'est une carte murale, sans indication du relief et sans détails topographiques, et, bien qu'elle ait été faite avec autant de soin que possible, elle ne peut avoir la prétention de remplacer la carte géologique détaillée de la Gironde à grande échelle, qui est encore à faire. Mais c'est là une œuvre considérable, demandant de longues années de patientes recherches, que la monotonie de la région et la difficulté d'observation rendent extrêmement fastidieuse et compliquée.

Quoi qu'il en soit, malgré ses imperfections, dues surtout aux difficultés que je viens de signaler et à la rapidité avec laquelle il a dû être exécuté, le travail que j'expose aujourd'hui me semble constituer un progrès réel sur les cartes précédemment publiées de cette région.

C'est la première fois qu'un essai semblable a été tenté, les cartes géologiques existantes jusqu'ici étant, en effet, ou bien à petite échelle et assez anciennes, ou bien à échelle assez grande, mais alors très incomplètes. Je vais, du reste, les énumérer.

La première carte géologique de la Gironde a été commencée en 1836 par Drouot, ingénieur des mines à Bordeaux. Cette carte, continuée dès 1838 par son successeur Pigeon, ne fut achevée, d'après M. Raulin [1], qu'en 1856 et gravée à une petite échelle ($\frac{1}{250000}$ environ). Elle a figuré, paraît-il, à l'Exposition de Londres en 1861 ; mais, par suite de la mort de son auteur qui n'avait pas fait de notice explicative, elle n'a pas été mise en vente et je ne l'ai jamais vue.

En 1876, M. Raulin publia une carte géologique de la Gironde, à une échelle à peu près semblable à celle de Pigeon ; cette carte, accompagnée d'une notice [1] et d'une légende en huit couleurs, avait été exécutée d'après une esquisse manuscrite datant de 1848. C'est dire que la figuration des terrains est faite d'après une classification fort ancienne qui n'est plus en rapport avec la science actuelle; de plus, elle présente de nombreuses inexactitudes.

En 1889, sur une demande spéciale qui m'avait été adressée de publier une esquisse géologique du département de la Gironde, j'ai été obligé d'annexer à ce travail une petite carte au $\frac{1}{500000}$ environ qui présentait déjà quelques modifications relativement à la précédente, mais qui, vu sa petitesse et le peu de temps qui m'avait été donné pour la faire, ne pouvait prétendre à une valeur sérieuse [2].

Dans l'intervalle, la Direction de la Carte géologique de la France avait fait exécuter deux feuilles au $\frac{1}{80000}$, celles de Bor-

---

(1) *Bull. Soc. Géogr. comm.*, t. I, p. 1, 1874.
(2) *Feuille des Jeunes Naturalistes*, 1889.

deaux et de la Teste-de-Buch. Elles ont été dressées par M. Linder, actuellement inspecteur général des mines, et ont paru en 1882.

Ces cartes, bien supérieures à celles qui ont été faites antérieurement, au point de vue de la classification adoptée, témoignent également d'un progrès considérable dans l'observation géologique et la figuration des terrains ; mais elles ne s'appliquent qu'à une portion restreinte du département, c'est-à-dire à la partie occidentale de la région que j'ai figurée.

Elles m'ont été fort utiles pour la confection de cette partie de ma carte, mais j'ai été, à plusieurs reprises, obligé, par mes observations directes sur le terrain, de modifier les contours figurés ou d'ajouter certains affleurements non constatés par l'auteur. On pourra s'en rendre compte aisément, surtout en ce qui concerne la partie comprise dans les communes de Villenave-d'Ornon, Léognan, Martillac, La Brède, Saint-Morillon, Saint-Selve et la vallée du Gua-Mort [1].

La région de l'Entre-deux-Mers, que j'ai tout spécialement étudiée, et quelques parties de la rive gauche de la Garonne (celles placées à partir de la rive droite du Gua-Mort, en allant vers le Sud) sont absolument nouvelles et paraîtront bien différentes de ce qu'elles sont, soit sur la carte de M. Raulin, soit sur les cartes générales de la France d'E. de Beaumont et de MM. Carez et Vasseur.

En terminant cet exposé, je tiens à faire une remarque indispensable relativement à la carte.

La nature même de la constitution géologique de la Gironde, où les formations de recouvrement prennent une importance qu'elles n'ont pas dans d'autres régions de la France, laisse à l'interprétation de la figuration des terrains une certaine latitude. Si l'on s'en tenait aux règles qu'on a suivies ailleurs, il est certain que la carte géologique des environs de Bordeaux

---

(1) Dans la ville de Bordeaux et dans ses environs immédiats, j'ai généralement adopté la figuration de M. Linder, qui a fait ses observations à une époque où les constructions étaient moins nombreuses, et où les observations pouvaient se faire avec plus de facilité qu'aujourd'hui.

ne pourrait guère montrer, à part quelques coupures profondes et quelques escarpements, qu'une seule et unique teinte, celle des formations de recouvrement.

Il y a donc là une difficulté de figuration qui n'a pas laissé de m'embarrasser maintes et maintes fois, et j'ai cru, en certains cas, devoir marquer comme affleurant, des assises qui sont à une profondeur appréciable, ou augmenter certains affleurements pour les rendre facilement visibles. Je ne me dissimule pas que d'autres observateurs auraient pu avoir une appréciation différente et qu'ils pourront m'accuser quelquefois de timidité ou de hardiesse; mais c'est là la pierre d'achoppement de toutes les cartes géologiques, qui ne sont après tout qu'un procédé graphique artificiel destiné à représenter l'aspect complexe de la disposition naturelle des assises géologiques.

En présence de ces difficultés, j'ai souvent regretté de ne pouvoir représenter les dépôts superficiels par un système de points ou de hachures placés sur les formations que j'appellerais volontiers *formations constitutives*. Mais j'ai craint, en employant ce système, d'être un peu trop révolutionnaire d'une part, et, d'autre part, il m'eût semblé excessif de ne représenter que comme un dépôt superficiel une formation aussi importante que celle du Sable des Landes, qui, dans le département, atteint jusqu'à 50 mètres d'épaisseur (sondages de Marcheprime, d'Arcachon). Enfin, malgré l'allure générale des couches et les documents assez nombreux que nous possédons actuellement sur l'extension en profondeur des divers étages, j'aurais été souvent assez embarrassé de tracer les contours exacts des formations néogènes dans la région landaise, par exemple. C'est pour ces diverses raisons que j'ai adopté la figuration la plus ordinairement employée.

Les divisions représentées sur la carte sont au nombre de huit (1).

(1) Pour les représenter, je n'ai pu adopter les couleurs conventionnelles admises par le Congrès international de Bologne, par la bonne raison que, le Crétacé à part, je n'aurais guère eu à employer qu'une couleur (le jaune) en diffé-

Ce sont : le Crétacé supérieur (Campanien et Maëstrichtien), l'Eocène supérieur (Priabonien, M. Ch. et de Lapp) [1], le Tongrien avec ses deux sous-étages, l'Aquitanien, l'Helvétien, les formations de recouvrement anciennes (Sable des Landes, Dépôt de l'Entre-deux-Mers, Alluvions anciennes), enfin, les Alluvions récentes.

Je vais donner successivement une idée de ces différents étages.

TERRAINS SECONDAIRES.

CRÉTACÉ SUPÉRIEUR.

Le terrain le plus ancien qui puisse se constater dans le département de la Gironde est le Crétacé supérieur, représenté par deux étages : le Campanien et le Maëstrichtien. Il forme deux pointements placés sur une ligne anticlinale à peu près parallèle à l'axe des Pyrénées, et dont j'ai donné ailleurs la description [2]. L'un affleure dans les environs de Haut-Villagrains, l'autre au sud de Landiras. Ce dernier est en dehors des limites de la carte.

Quant au premier, il se voit surtout le long du Gua-Mort, au sud du village, et on peut le suivre au Nord jusqu'au delà du moulin de Peyot. Il apparaît encore un peu à l'Est sous la forme d'un petit massif isolé au milieu du Sable des Landes et naguère exploité.

A la base de la formation, vers l'emplacement de l'ancien

---

rentes teintes, et que, d'autre part, je faisais plus de divisions qu'il n'en a été prévu dans la nomenclature officielle relative à la carte géologique d'Europe.

(1) J'ai adopté à regret cette appellation nouvelle en remplacement du terme de *Ligurien* qui aujourd'hui peut prêter à confusion, M. Sacco ayant démontré qu'on a réuni sous ce terme des faciès analogues répandus dans le Crétacé supérieur et dans l'Éocène de l'Italie septentrionale. Je ferai remarquer, de plus, que le parallélisme des assises se rapportant à l'Éocène supérieur est encore assez mal établi, et que la science est loin d'avoir dit son dernier mot sur ce sujet : le type même de l'étage, celui qui devrait lui donner son nom, est encore à trouver et à délimiter.

(2) *Bull. Soc. Géol. Fr.*, 3e série, t. XX, p. 350.

moulin de la Nère, au lieu dit Peyrotte, sur la carte au $\frac{1}{40000}$ de la Gironde, dans le fond même du ruisseau, on rencontre un calcaire blanchâtre un peu crayeux, avec *Micraster aturicus*, Héb., de petite taille, *Echinocorys Heberti*, Seunes, *Offaster* cf. *pilula*, Desor., *Echinoconus Raulini*, d'Orb., Inocérames, etc., que je rapporte au Campanien.

Ce calcaire passe en aval à des couches plus jaunâtres, très visibles surtout dans l'escarpement situé sur la rive droite, à quelques centaines de mètres en amont du pont de la route de Bordeaux. Ce calcaire est rempli de Spongiaires (*Tragos pisiforme*, Goldf.). J'y ai trouvé un *Echinocorys Heberti* de grande taille, usé, et des fragments d'autres espèces du même genre. Plus loin vers le pont, toujours en amont, on peut récolter l'*Echinocorys vulgaris*, Breyn., var. acuminée, et dans une tranchée placée immédiatement en aval, j'ai rencontré avec cette espèce des *Echinoconus* (*E. gigas*, Cott.), des *Offaster* et une *Ostrea vesicularis*, Lam. Cette couche, qui se lie intimement à la précédente, forme probablement la base du Maëstrichtien, qui se termine à Peyot par un calcaire compact, à cassure translucide, lardé d'Orbitoïdes indéterminables. Ce dernier calcaire ressemble beaucoup à celui de Landiras.

Le Crétacé supérieur de Villagrains est presque partout recouvert par le Sable des Landes. Cependant, entre le pont et Peyot, on voit l'Aquitanien formé d'un calcaire à Bythinies et Potamides reposer directement sur lui.

TERRAINS TERTIAIRES.

ÉOCÈNE.

Le terrain éocène n'affleure pour ainsi dire pas dans la partie du département que j'ai figurée : on ne voit guère que l'étage supérieur vers le Nord (Médoc).

Je rappellerai cependant succinctement ses divisions dans la Gironde.

L'*Éocène inférieur (Suessonien)* n'est pas visible; il est même fort douteux dans la profondeur. M. Benoist a cependant signalé des *Alveolina oblonga,* d'Orb., dans le sondage de Lamarque, vers 150 mètres, mais ces fossiles mériteraient d'être réétudiés(1), et la question ne pourra être tranchée qu'avec de nouveaux matériaux fournis par les forages artésiens.

L'*Éocène moyen* présente, dans la Gironde, ses deux étages typiques, le Lutétien et le Bartonien.

Le *Lutétien* est formé par les sables et argiles à Nummulites à la base, par le calcaire grossier de Blaye à la partie supérieure. Les couches à Nummulites (*N. perforata,* d'Orb., *lucasana,* Defr., *lævigata,* Lamk. var. *aquitanica,* Ben.) et à Assilines (*A. granulosa,* d'Arch., *mamillata,* d'Arch.) n'affleurent nulle part, mais elles se montrent dans tous les sondages de Bordeaux et des environs et offrent quelquefois une grande épaisseur (Parc-Bordelais p. ex.).

Le calcaire grossier de Blaye se divise en deux assises : le calcaire grossier inférieur, surtout caratérisé par l'*Echinolampas stelliferus,* Des Moul. (Citadelle de Blaye), et le calcaire grossier supérieur avec *Echinolampas similis,* Ag., *Laganum marginale,* Ag. Cette dernière couche, représentée dans la falaise entre Blaye et Plassac, se relie à la précédente par les assises à *Echinanthus Des Moulinsi,* Desor. et *Echinolampas blaviensis,* Cott., des carrières du haut de la ville de Blaye.

Le calcaire grossier, qui est très développé dans le Blayais, n'apparaitrait guère dans le Médoc que vers le Château-Montrose, dans les berges de la Gironde, encore n'y verrait-on que l'assise supérieure.

Le *Bartonien* est formé dans le Blayais par des argiles à *Ostrea cucullaris,* Lamk., surmontées par le calcaire d'eau

---

(1) Il en est de même des *Nummulites planulata,* Sow. var. indiquées par le même auteur dans la nappe aquifère des puits artésiens de l'abattoir de Blaye.

douce de Plassac à *Limnœa longiscata,* Brong. Dans le Médoc, il est surtout représenté par des argiles et marnes à *Corbula* avec débris de calcaire lacustre[1]. Ce dernier est un peu plus net dans les communes de Moulis et de Listrac et il existerait aussi dans celle de Margaux ; l'apparition de cette assise aurait lieu juste à la limite supérieure de la carte.

L'*Éocène supérieur* (*Priabonien* ou *Ludien*) le surmonte[2] et est formé par le calcaire de Saint-Estèphe à *Sismondia occitana,* Desor., *Echinolampas ovalis,* Des Moul., *Ostrea bersonensis,* Math. Assez développée dans le Blayais et dans le Médoc, cette partie de l'Éocène est la seule qui affleure nettement dans la région de la carte, et encore seulement à l'extrémité Nord-Ouest, vers Castelnau-de-Médoc. Il n'est même bien visible qu'immédiatement en dehors de ses limites, vers Barreau (commune de Moulis), des deux côtés de la Jalle de Tiquetorte, où il est exploité sous forme d'un calcaire blanc rempli de Milioles. C'est, sans doute, lui qui affleure aussi à l'ouest des maisons du hameau du Pont, sur la route de Moulis à Avensan.

Ses limites sont fort difficiles à voir, et j'ai dû renoncer à les établir d'une façon définitive. Du reste, on se trouve là en présence d'une difficulté de classification qui, bien que tranchée par M. Vasseur, n'en est pas moins très réelle. Les couches à Anomies qui surmontent le calcaire et qui ont été, pendant longtemps, rapportées par les auteurs à la partie supérieure de l'Éocène supérieur, ont été rangées par lui à la base de l'Oligocène.

C'est probablement ces argiles que l'on rencontre dans les fossés creusés entre Barreau et les Granges-d'Ève ; je n'y ai point vu d'Anomies ; je n'y ai rencontré que des débris d'*Ostrea* indéterminables avec quelques petits morceaux de calcaire d'apparence marine. Les couches à Anomies existent au château de Mauvezin.

---

(1) Voy. surtout Benoist, *Description géol. des communes de Saint-Estèphe et Vertheuil* (*Actes Soc. Lin.*, 1885).

(2) A Château-Margaux il ne serait guère qu'en débris.

J'ai indiqué un autre affleurement d'Éocène supérieur, à la pointe de l'Entre-deux-Mers, à la limite des alluvions anciennes et des alluvions actuelles, vers le Château-Peychaud. C'est un calcaire criblé de Milioles, inexploité maintenant et à peine visible dans une ancienne carrière aujourd'hui recouverte par la végétation. Je n'ai pu y trouver un seul fossile caractéristique, mais, étant donnés sa position et son aspect, je ne fais aucune difficulté, jusqu'à preuve du contraire, à le rapporter au calcaire de Saint-Estèphe, comme l'a fait M. Linder sur la feuille de Bordeaux au $\frac{1}{80000}$. Je dirai seulement que la position exacte de l'affleurement n'est pas tout à fait celle qu'a figurée l'auteur précité. C'est immédiatement à l'extrémité Nord-Est du domaine du Château-Peychaud que se trouve l'ancienne exploitation que j'ai en vue.

OLIGOCÈNE.

C'est, de tous les terrains, celui qui occupe, sur la carte, l'espace le plus considérable. On le divise en Tongrien et en Aquitanien.

I. *Tongrien.*

Cet étage forme, on peut le dire, la charpente de la région, surtout le Tongrien supérieur; c'est lui qui lui donne son relief principal. Quant au Tongrien inférieur, il se rencontre surtout dans les vallées, principalement au Nord, vers la Dordogne.

Tongrien inférieur. — Le Tongrien inférieur *(Infrà-tongrien)* est représenté par la Mollasse du Fronsadais, si visible sur la rive droite de la Dordogne, et par un système d'argiles assez puissant, exploité d'ordinaire pour la fabrication des tuiles. Le plus généralement, les argiles sont sous la Mollasse, de là le nom d'*infrà-mollassiques* que je leur ai donné; mais il y en a aussi de supérieures, et il arrive fréquemment que les deux formations argiles et mollasse se remplacent mutuellement et latéralement. L'étude de la vallée du Dropt, de Morizès à son embouchure, est très instructive à cet égard. On peut, du reste, étudier facilement cette formation dans un grand nombre de points, dans les vallées qui s'ouvrent vers la Dordogne, ou le long de cette rivière dans la partie Nord-Est de la carte, où elle atteint une assez grande altitude (près de 30 mètres). Je citerai surtout les environs de Branne, Cabara, Saint-Jean-de-Blaignac, Rauzan, les bords du ruisseau d'Arveyres, vers Saint-Germain-du-Puch, les bords du ruisseau de Gestas, principalement sous Beychac; puis, plus au Sud, les tuileries d'Haux, la base des coteaux de Casseuil, la vallée du Dropt. On en trouve aussi des lambeaux sous Bouliac, Baurech, mais, en général, elle disparaît sous le calcaire à Astéries, sur la rive droite de la Garonne.

Il y a là un plongement manifeste Nord-Sud des couches, que l'on peut facilement observer. Ainsi, dans la vallée du Tourne, la Mollasse ne se voit que sporadiquement (sous Haux, sous le château de Peyruche), et à l'embouchure (Langoiran), elle est au niveau du ruisseau, c'est-à-dire à quelques mètres d'altitude seulement.

Sur la rive gauche, elle apparaît à l'entrée de la vallée du Beuve et sous Castets-en-Dorthe, le long du canal du Midi. Pour la retrouver plus au Nord il faut aller jusqu'aux environs de Blanquefort, et encore est-elle peu visible.

Au delà, dans les limites de la carte, on ne voit pas de Mollasse, et c'est avec quelque hésitation que je rapporte au Tongrien inférieur les argiles, avec ou sans Anomies, des environs de Margaux et de Castelnau. Entre le village et la gare d'Avensan, on voit bien ces argiles sans fossiles; elles étaient exploitées autrefois.

On sait que vers Castillon-sur-Dordogne se développe, au-dessus de la Mollasse du Fronsadais, un calcaire lacustre, dit Calcaire de Castillon, rempli de silex qui va en s'épaississant vers l'Est, pour acquérir, vers Sainte-Foy, une assez grande épaisseur. Delbos lui attribue une puissance maxima de vingt mètres. J'ai démontré ailleurs qu'il ne dépassait pas les environs de Saint-Émilion à l'Ouest[1], au moins sur la rive droite de la Dordogne; en effet, il se termine en pointe au-dessous de Saint-Hippolyte.

Il était intéressant de voir s'il n'existait pas aussi dans la région de l'Entre-deux-Mers, représentée sur la carte. Je puis dire qu'il manque d'ordinaire, mais on trouve des vestiges de calcaire d'eau douce dans plusieurs points; ainsi, à la descente de Carensac, vers Tizac-de-Curton, sous le calcaire à Astéries du moulin de Fontets, commune de Morizès (rive gauche de la Vignague). On le trouve en débris dans des argiles surmontant la Mollasse du Fronsadais, sous le village de Beychac.

Dans le Médoc, le calcaire de Castillon est remplacé par celui de Civrac qui se montre déjà dans les environs de Castelnau, de Moulis, d'Arsac, où il est assez difficile à observer.

Tongrien supérieur. — Le *Tongrien supérieur* est constitué presque uniquement par le calcaire à Astéries. Cette assise, à laquelle j'ai consacré dernièrement une assez longue étude à laquelle je renvoie pour les détails[2], est souvent précédée d'argiles à huîtres (*Ostrea longirostris*, Lamk., et *O. girondica*, n. sp.); celle-ci n'est peut-être qu'une variété à côtes nombreuses de l'*O. cyathula*, Lamk., du Nord de la France. Ces argiles sont très nettes dans quelques points, notamment à Saint-Aubin-de-Blaignac, où les *O. longirostris* atteignent d'énormes dimensions; à Carensac, dans les tranchées de la route nationale; sous le village d'Haux (chemin de Créon à Langoiran). Elles sont loin d'être constantes et sont quelquefois remplacées par des argiles vertes à Milioles, d'origine marine, qu'il ne faut pas confondre avec les argiles d'eau douce qui surmontent quelquefois la Mollasse du Fronsadais. Les argiles

---

(1) Voy. Delbos, *Mémoire sur la formation d'eau douce de la partie occidentale de la Gironde* (*Mém. Soc. Géol. de France*, 2e série, t. II, 1847), et E. Fallot, *P. V. Soc. Lin. de Bordeaux*, 15 juin 1887.

(2) *Contribution à l'étude de l'étage tongrien dans le département de la Gironde* (*Mém. Soc. des Sc. phys. et nat.*, t. V, 1894).

à Milioles se voient surtout très bien vers Sainte-Eulalie, dans une butte placée un peu à l'Est du village.

Le calcaire à Astéries forme toute l'ossature de l'Entre-deux-Mers et se retrouve à l'entrée de toutes les vallées de la rive gauche de la Garonne.

Il atteint des altitudes très variables ; tandis qu'on le rencontre quelquefois à 90 mètres dans le Nord de l'Entre-deux-Mers (environs de Rauzan, etc.), il s'abaisse beaucoup dans le Sud, vers le fleuve ; ainsi, il ne dépasse pas 55 mètres à Bouliac, et à Bordeaux sa surface supérieure est à 10 mètres environ. Il plonge également d'une façon très nette vers l'Est, dans les environs de Cadillac, pour former une sorte de fond de bateau qui va se relever vers Verdelais et Saint-Macaire, afin de permettre aux formations aquitaniennes de Sainte-Croix-du-Mont, etc., de se développer au-dessus de lui. Il est généralement visible dans les vallées surtout, tandis qu'il est ailleurs recouvert par le dépôt superficiel de l'Entre-deux-Mers. Cependant, il est des points où il affleure à de grandes altitudes sur les plateaux, et où il est largement exploité ; je citerai surtout les environs de Grézillac, Daignac, Espiet, que l'on pourrait, à bon droit, appeler le *pays de la pierre*. Il arrive souvent que ce calcaire est exploité en galeries souterraines, soit qu'on y arrive directement de l'extérieur, comme on peut le voir à Lormont ou dans la vallée de la Pimpine (environs de Cénac), soit qu'on y pénètre par de véritables puits verticaux, ainsi qu'on peut l'observer au Sud de Saint-Germain-du-Puch (1) ou vers Croignon, par exemple, sur le ruisseau.

On l'exploite aussi activement, mais alors à l'air libre, dans les environs de Quinsac, Cambes, Langoiran, Saint-Macaire, et, sur l'autre rive, dans les communes de Langon, Pujols, Preignac, Barsac, Cérons, Virelade, Saint-Morillon, etc., etc.

---

(1) La présence de ces grandes carrières m'a engagé à marquer là le calcaire comme affleurant, bien que les couches superficielles qui le recouvrent soient assez épaisses dans ce point.

Partout il a une faune marine très caractéristique, généralement représentée par des moules intérieurs ou des empreintes dans lesquels on reconnaît surtout : *Cerithium Charpentieri*, Bast., *C. plicatum*, Brug., *Diastoma Grateloupi*, d'Orb., *Ampullina (Megatylotus) crassatina*, Desh., *Turbo Parkinsoni*, Bast., *Goniocardium Matheroni*, Desh., *Lucina Delbosi*, d'Orb., *Venus Aglaurae*, Brong., et. Les Pecten (*P. Billaudeli*, Des M. p. ex.), les *Ostrea*, les *Anomia*, sont les seuls mollusques qu'on trouve partout avec le test. Il en est de même des Échinides qui sont très bien conservés et dont les espèces les plus communes sont : *Scutella striatula*, M. de Serres, *Echinolampas Blainvillei*, Ag. et *Echinocyamus piriformis*, Ag. Je rappellerai, en outre, que le calcaire à Astéries est riche en Crustacés (*Palæocarpilius*, etc.), et qu'on y trouve pas mal de Vertébrés, surtout des débris d'*Halitherium* (1).

Il y a cependant des points où le calcaire à Astéries présente les Mollusques avec le test. Je citerai surtout le niveau dit de Terre-Nègre, dans les communes de Bordeaux et Caudéran, qui semble appartenir à des couches assez inférieures, et celui de Madère-Sarcignan où on a affaire à un horizon élevé de l'assise. J'ai donné ailleurs *(loc. cit.)* les listes complètes des fossiles de ces localités, qui rappellent tout à fait la faune de Gaas (Landes).

Les gisements de Terre-Nègre sont généralement à une profondeur d'environ 6 mètres au-dessous du sol, le calcaire à Astéries étant presque toujours recouvert dans l'intérieur de Bordeaux par des formations récentes. On le voit cependant à fleur de sol vers les rues du Hautoir, Mouneyra, et en général il n'est pas profondément situé le long des vallées du Peugue et de la Devèze, ainsi que l'a indiqué M. Linder dans sa carte. Du reste, sur la rive gauche de la Garonne en général, le cal-

---

(1) Voir, pour plus amples détails : E. Fallot, *Contribution à l'étude de l'étage tongrien dans le département de la Gironde* (*Mém. Sc. phys. et nat.*, t. V, 4e série, 1894).

caire à Astéries est difficile à délimiter, et on est toujours tenté d'amplifier les affleurements lorsqu'il est à une petite profondeur du sol : c'est ce qu'avait fait M. Linder et c'est ce que j'ai fait dans certains cas, bien que j'aie été plusieurs fois amené à le restreindre par rapport à l'auteur précité. Je l'ai, par contre, figuré dans les tranchées du chemin de fer du Midi au sortir de Bordeaux.

Dans la partie supérieure, le calcaire à Astéries présente très fréquemment des Nummulites (*N. intermedia,* d'Arch., *vasca,* Joly et Leym., etc.), et il se termine fréquemment par des couches à Bryozoaires, d'aspect plus ou moins mollassique, ainsi qu'on peut le constater en face de Langon, par exemple (rive droite), aux environs de Sauveterre (carrières de Meyraud, à 1,500 mètres au Sud du bourg). Ici, le calcaire à Bryozoaires qui termine le calcaire à Astéries se charge de quelques paillettes de mica blanc, et passe supérieurement à une Mollasse plus ou moins grossière, d'autres fois très fine et impossible à distinguer pétrographiquement de la Mollasse du Fronsadais. C'est évidemment là la Mollasse inférieure de l'Agenais, qui se développe plus à l'Est et qui, ainsi que l'a démontré Tournouër, n'est qu'un faciès latéral du calcaire à Astéries. Ce passage latéral se voit d'une façon remarquable à Beaupuy (Lot-et-Garonne), où le calcaire se termine en pointe dans l'épaisseur de la Mollasse.

Cette dernière est au-dessus du calcaire au Sud de Sauveterre, et elle a quelques mètres d'épaisseur. C'est probablement à elle qu'il faut rapporter les bancs mollassiques qui surmontent, entre Saint-Exupéry et Morizès (dans la tranchée de Cagouille), les couches argilo-sableuses à huîtres (*Ostrea* du groupe de l'*O. cyathula*, Lamk.), dans lesquelles la partie supérieure du calcaire à Astéries, très réduit du reste, semble venir se résoudre (1).

(1) Un fait analogue se voit sur la route de Langoiran à Créon, par la vallée du Tourne. Vers le Galouchey, le calcaire à Astéries se termine supérieurement par des bancs argileux à Huîtres, mais là je n'ai pas vu de Mollasse.

J'ai suivi la Mollasse des environs de Sauveterre vers l'Ouest, où elle est souvent difficile à saisir sous la forme d'une argile sableuse gris verdâtre ; néanmoins, on peut l'apercevoir près de Saint-Martial, dans un point de la route qui mène à Verdelais, dans la commune de Mourens, sous Gaillarteau ; puis, plus au Nord, entre Montpezat et Saint-Pierre-de-Bat, elle forme les berges d'un lavoir à l'entrée de ce dernier village. J'en ai retrouvé des vestiges sur la route de Sauveterre à Créon, jusque dans les environs de Bellebat. Je ne l'ai pas vue plus à l'Ouest ; au Nord, je l'ai retrouvée vers Rauzan, notamment à côté de la route de Blasimon, vers La Veyrie.

II. *Aquitanien.*

A. *Rive droite.* — C'est généralement au-dessus de cette Mollasse plus ou moins rudimentaire, ou directement sur le calcaire à Astéries, qu'apparaissent dans l'Entre-deux-Mers des argiles grisâtres ou verdâtres, avec ou sans concrétions calcaires, qui passent à un calcaire très blanc, d'aspect lacustre plus ou moins continu, dont la position semble correspondre à celle du calcaire blanc ou inférieur de l'Agenais. C'est ce qui se voit, par exemple, dans les environs de Mourens, de Montpezat, Castelvieil ; on peut en avoir également une idée au-dessus de Loupiac, vers l'église, ou bien dans la côte entre Langon et Verdelais, ou enfin sur la route de Saint-Maixant à Sainte-Croix-du-Mont. Ces argiles, passant à des calcaires d'eau douce en plaquettes, se voient quelquefois à de grandes altitudes, comme à La Veyrie, près Rauzan (112 mètres), ou à Cazevert (121 mètres). Cette formation d'argiles à concrétions ou à débris de calcaire d'aspect lacustre se rencontre dans un grand nombre de points, notamment sur la route de Créon à Sauveterre, aux environs de Bellebat, au nord de Targon ; des débris trouvés dans les champs me font penser qu'elle existe aussi vers Curton (105 mètres), au nord de La Sauve. Il arrive quelquefois que le calcaire d'aspect lacustre est développé presque dès le début de la formation, comme par exemple à 2 kilomètres au Sud de Créon, sur la route de Saint-Genès-de-Lombaud, où il forme une assise continue au-dessus des couches à huîtres qui terminent là le calcaire à Astéries.

Dans l'intérieur de l'Entre-deux-Mers, c'est peut-être à Bellebat que le calcaire lacustre est le plus net et le plus développé, mais je n'ai pu y trouver de fossiles typiques (1) comme, par exemple, dans les environs de Violle, Loupiac; là, vers Couloumet, le Calcaire est pétri de *Planorbis cornus*, Brong. var. *solidus*, Thom. Parmi les autres localités où le calcaire lacustre est typique et fossilifère, il faut signaler Monprimblanc, Gabarnac. A Omet, sur les flancs de la vallée qui est au Sud du village, le calcaire lacustre repose directement sur le calcaire à Astéries sans intermédiaire d'argile.

Outre les points que j'ai marqués sur la carte, je n'ignore pas que des lambeaux insignifiants de calcaire d'eau douce existent dans d'autres localités de l'Entre-deux-Mers, mais la plupart du temps ils sont difficiles à constater ou trop peu importants pour être marqués sur la carte. Je citerai surtout les communes de Tresses, La Tresne, Fargues, Pompignac, Villeneuve-de-Rions et Rions, comme présentant des vestiges épars de cette formation. Celui de Tresses est signalé depuis longtemps, mais je n'ai pas pu le retrouver jusqu'ici. Enfin, comme détail intéressant, j'indiquerai la découverte que M. Reyt a faite, à Bouliac, de morceaux de calcaire à Planorbes remaniés dans le diluvium du plateau.

Tous ces faits démontrent surabondamment qu'à la fin de la période tongrienne, au moment du retrait de la mer du calcaire à Astéries, il s'est constitué dans l'Entre-deux-Mers un ou plusieurs grands lacs qui ont recouvert la région.

---

(1) A Gaillarteau, au Sud de Mourens, j'ai recueilli cependant des morceaux de calcaire bréchoïde grisâtre, rempli de Planorbes, mais je ne sais pas exactement quelle est la position de ce calcaire dans l'Aquitanien ; ces débris étaient mélangés dans les champs à ceux de l'Aquitanien moyen, d'origine marine, très net dans cette localité.

Ce sont les sédiments déposés par ces lacs qui constituent l'Aquitanien inférieur. Malheureusement, ils ont été démantelés par les érosions quaternaires, et ce n'est que vers le Sud de la région qu'ils prennent une certaine importance et une certaine continuité.

Si l'on se rapporte à ce qu'ont écrit les auteurs, l'Aquitanien n'est guère représenté dans l'Entre-deux-Mers qu'aux environs de Sainte-Croix-du-Mont. Il n'en est rien, ainsi que je viens de le démontrer pour les couches d'eau douce de la division inférieure, et je vais également le prouver pour l'Aquitanien moyen, d'origine marine, qui a pénétré dans l'intérieur, bien plus loin qu'on ne l'avait pensé jusqu'ici. Sous ce rapport, les cartes publiées sont absolument inexactes, et j'estime que celle que j'ai dressée présente un progrès considérable à ce sujet.

L'Aquitanien moyen est constitué à Sainte-Croix-du-Mont par des calcaires sableux jaunâtres (Mollasse coquillière de Drouot) présentant à la base de nombreuses huîtres plissées (*O. producta*, R. et D.), des scutelles (*Sc.* cf. *Bonali*, Tourn. in coll. (1) et quelques Turritelles. Plus haut, viennent les bancs d'*Ostrea undata*, Lamk., tant de fois décrits. Dans la propriété Dumeau, le banc d'huîtres n'a pas moins de 7 mètres de puissance et l'on y a creusé des caves et une chapelle. Sous l'église, il se divise en deux.

A la partie supérieure (même propriété), se voit un banc de calcaire blanchâtre, à *Potamides, Dreissena Brardi*, d'Orb., qui est probablement un représentant très atténué de l'Aquitanien supérieur.

J'ai retrouvé l'Aquitanien marin très net beaucoup plus au

(1) Tournoüer a désigné sous le nom de *Scutella Bonali* une Scutelle de Pindères (Lot-et-Garonne), déposée au Muséum de Bordeaux, dont les dimensions sont en quelque sorte intermédiaires entre celles de *Scutella striatula*, M. de Serres, du calcaire à Astéries, et *Scutella subrotunda*, Lamk., de la Mollasse de Léognan. Néanmoins, je n'ose assimiler complètement l'espèce de Sainte-Croix à celle du Lot-et-Garonne qui semble être à peu près du même âge et de même taille, mais dont les ambulacres sont un peu différents.

Nord, dans les communes de Saint-Martial, Mourens, Castelvieil et Gornac [1].

Une des localités les plus typiques à ce sujet est la butte du Moulin de Gravetier, au Nord-Est de Saint-Martial.

Là, on voit, évidemment au-dessus d'un rudiment de mollasse inférieure de l'Agenais, des argiles grisâtres et blanchâtres à concrétions calcaires, avec débris d'apparence lacustre (Aquitanien inférieur), surmontées par des argiles à *Ostrea aginensis*, Tourn. de grande taille, admirablement conservées. Ces dernières sont recouvertes par un banc de Mollasse marine peu épaisse, analogue à celle que je vais décrire plus loin.

A Gornac, on a la même succession, en montant au moulin de Cazeau, où la Mollasse marine, épaisse de 1 à 2 mètres, repose également sur des couches argileuses à *O. aginensis*, Tourn. Cette même Mollasse se voit du reste en sortant du village, sur la route de Saint-Martial, sur une assez longue distance.

Il en est de même à Castelvieil. Le village est bâti dessus et elle repose sur des couches argileuses avec petits bancs de calcaire d'eau douce très nets. Au lieu dit Cabaron (110 mètres), la Mollasse marine est particulièrement développée ; elle a été exploitée sur 4 à 5 mètres de hauteur vers la partie Nord-Ouest de la butte et nous a offert, dans la tranchée du chemin placé à l'Est, de superbes *Amphiope* sp. ind., de taille remarquable et d'une conservation parfaite. En descendant la butte du côté occidental, on peut revoir les argiles avec débris d'*Ostrea aginensis*, Tourn.

Enfin, on trouve encore la Mollasse vers le moulin de Gaillarteau (commune de Mourens) où elle est remplie de fossiles aquitaniens, malheureusement à l'état d'empreintes : *Cerithium plicatum*, Brug., *corrugatum*, Bast. Elle repose là sur une argile grise à petites huîtres *(O. producta?)* qui, elle-même, surmonte des argiles avec calcaire d'eau douce. Le tout repose

---

[1] Quelques huîtres et un ou deux autres débris fossiles provenant très probablement de la collection Pigeon, déposée jadis au Muséum de Bordeaux, m'ont mis sur la voie de cette découverte.

sur la Mollasse argileuse inférieure de l'Agenais que l'on voit un peu plus au Sud, sur la route qui va vers Le Gris. C'est dans les vignes plantées sur la Mollasse marine de Gaillarteau que j'ai rencontré le calcaire bréchoïde à Planorbes que j'ai cité plus haut. Mais il était en morceaux, sans qu'on puisse voir ses rapports stratigraphiques avec les autres couches.

La présence de la Mollasse marine de l'Aquitanien moyen, en tout cas de sa partie inférieure, aussi loin dans l'Entre-deux-Mers, est fort intéressante et montre que la mer aquitanienne y a pénétré beaucoup plus qu'on ne l'avait pensé. Je ne l'ai pas trouvée plus au Nord; cependant, quelques débris vus au sommet de la butte de La Veyrie (route de Rauzan à Blasimon), à 112 mètres d'altitude, au-dessus des couches d'eau douce, me laissent quelques doutes à ce sujet. Peut-être les débris d'apparence marine que j'y ai vus appartiennent-ils au calcaire à Astéries (1) et ont-ils été apportés lors de la construction d'une maisonnette qui se trouve là.

Quoi qu'il en soit, on sait maintenant que, dans l'Entre-deux-Mers, partie Sud, on a des chances de rencontrer des lambeaux d'Aquitanien moyen marin dans les buttes qui atteignent 105-125 mètres d'altitude (2). Ces buttes sont autant de témoins qui ont résisté à l'érosion quaternaire. J'ajouterai qu'un fait intéressant, c'est la présence de l'*Ostrea aginensis*, si fréquente dans le Lot-et-Garonne et dans le Bazadais au même niveau (3). La partie supérieure de l'Aquitanien moyen et l'Aquitanien supérieur ne semblent pas exister au Nord de Sainte-Croix, dans les localités sus-indiquées.

B. *Rive gauche*. — L'Aquitanien de la rive gauche de la Garonne est en général assez différent de ce qu'il est sur la

---

(1) Rien ne ressemble à certains faciès du calcaire à Astéries comme la Mollasse marine de l'Aquitanien moyen.

(2) Je ne l'ai pas vue dans la butte des Moulins de Dugot, à Castelvieil, qui atteint 104 mètres.

(3) Je n'ai jamais trouvé cette espèce à Sainte-Croix-du-Mont, pas plus que je n'ai trouvé plus au Nord l'*Ostrea undata*, Lamk.

rive droite, au moins dans les limites de la carte, *qui ne comprend pas le Bazadais.*

Dans les vallées du Bordelais, le calcaire à Astéries est généralement surmonté d'argiles jaunes et vertes, avec ou sans concrétions calcaires, sans interposition de Mollasse (Mollasse inférieure de l'Agenais). Ces argiles se lient d'une façon très nette à celles qui contiennent la faune saumâtre de l'Aquitanien inférieur. J'ai pu voir ce fait à La Brède, des deux côtés de la vallée, par suite de tranchées fraîchement réparées, ou par suite du creusement de nouveaux fossés d'assainissement. Ainsi, en prenant la route de La Brède à Martillac, on voit les argiles panachées de vert et de jaune, sans fossiles, qui affleurent au niveau du moulin dans le bourg et dans les prairies de la rive gauche du ruisseau, passer insensiblement à des argiles à Cérithes (Aquitanien type); sur la rive droite, elles passent à celles de la tranchée du chemin de fer qui contiennent la faune si caractéristique de l'Aquitanien inférieur. J'ai revu le même fait à Martillac sous la propriété de La Garde. Ces argiles sont également visibles le long de la vallée du Gua-Mort en amont de Saint-Morillon, entre le moulin de Luzié et Cabanac (Pouquet). Là, en effet, au milieu de l'inextricable fourré à travers lequel coule le ruisseau, c'est la seule assise que j'aie pu apercevoir de temps en temps sous le Sable des Landes.

L'Aquitanien se voit plus ou moins complet le long des vallées de la rive gauche. C'est dans la vallée de Saucats, le long du ruisseau de Saint-Jean-d'Estampes, qu'il est le mieux développé. Il comprend, comme je l'ai dit ailleurs [1] :

1° A la base, des argiles bleues et blanches à *Neritina Ferussaci,* Recluz, *Cerithium calculosum,* Bast., *plicatum,* Brug., *Lucina dentata,* Bast., visibles au moulin de Bernachon et présentant inférieurement un banc lacustre signalé par M. Lartet.

---

(1) *Esquisse géologique du département de la Gironde* (*Feuille des Jeunes Naturalistes,* 1889).

2° Un calcaire sableux, jaune (dit roche sableuse, jaune), visible près de Bernachon, et en général dans les berges du ruisseau jusqu'au moulin de l'Église, et rappelant la Mollasse de Sainte-Croix-du-Mont et le grès de Bazas, avec une faune saumâtre et marine (Cérithes abondants, *Lucina incrassata*, Dub., etc.). Ce serait l'Aquitanien moyen.

3° Un calcaire lacustre (dit de Saucats), facile à voir dans la tranchée de la route du Son, sur la rive gauche, avant le moulin de l'Église.

4° Un falun saumâtre dans la même tranchée, marin à Lariey.

5° Une argile avec banc de calcaire lacustre, formant le haut de la tranchée, horizon très mince, du reste (1).

Ces trois dernières assises pourraient constituer l'Aquitanien supérieur.

Le n° 3 et le n° 5 ont à peu près la même faune où dominent *Planorbis cornu*, Brong., var. *solidus*, Thomae, et *Limnæa girondica*, Noulet. Les espèces sont plus facilement détachables dans le n° 5 que dans le n° 3.

Quant au falun n° 4, son faciès saumâtre présente surtout des Cérithes (*Cerithium submargaritaceum*, d'Orb., *plicatum*, Brug.), *Cyrena Brongniarti*, Bast., etc.

A Lariey, la faune est assez riche. J'y citerai principalement :

Melongena Lainei, Bast.
Murex Lassaignei, Bast.
Buccinum baccatum, Bast. var. *minor*.
Nassa aquitanica, May.
Cerithium corrugatum, Bast.
— *subclavatulatum*, d'Orb.
— *plicatum*, Brug.
— *submargaritaceum*, d'Orb.
Trochus Bucklandi, Bast.
Venus ovata, Penn.
Cytherea undata, Bast.
Lucina incrassata, Dub.
— *dentata*, Bast.
Corbula carinata, Duj.
Cardita hippopœa, Bast.
Arca cardiiformis, Bast.
— *barbata*, Lin.
Mytilus aquitanicus, May, etc.

C'est une faune typique pour l'Aquitanien supérieur. A

(1) Voy. Tournouër, *Bull. Soc. Géol.*, 2e série, t. XIX, p. 1035 et suiv.

Lariey, le falun, qui renferme surtout les *Mytilus* à sa base, repose sur le calcaire lacustre perforé. Dans les cavités abondent : *Jouannetia semicaudata*, Des M., *Pholas Branderi*, Bast., *Ungulina unguiformis*, Bast.

L'Aquitanien n'est pas toujours aussi facile à subdiviser que je viens de l'indiquer aux environs du moulin de l'Église. C'est ce qu'on peut voir le long du ruisseau de Moras ; c'est ce qu'on voit aussi entre La Brède et le Gua-Mort.

Ainsi, par exemple, dans la tranchée du chemin de fer, à 500 mètres environ de La Brède, en allant vers Saint-Morillon, on trouve à la base une assise argileuse bleuâtre avec *Neritina Ferussaci*, Recluz, *Melongena Lainci*, Bast., *Cerithium calculosum*, Bast., *C. plicatum*, Brug., *C. fallax*, Grat., *C. papaveraceum*, Grat., *Lucina dentata*, Bast., *Lucina incrassata*, Dub., *Cytherea undata*, etc., passant à des couches plus sableuses jaunâtres se terminant par des plaquettes gréseuses à *Lucina globulosa*, Desh. Cet ensemble représente au moins l'Aquitanien inférieur et moyen, sinon le tout; cependant, je n'y ai pas trouvé le calcaire d'eau douce, qui est assez caractéristique de l'Aquitanien supérieur (au moins le n° 3, car le n° 5 manque généralement partout).

Plus loin, à Lassalle, en allant vers Saint-Morillon, on retrouve au-dessus des argiles bleues de l'Aquitanien inférieur un falun très riche avec :

Oliva subclavula, d'Orb.
Buccinum baccatum, Bast. var. *minor*.
Proto Basteroti, Ben.
Turritella terebralis, Lam. var.
Cerithium calculosum, Bast.
— *plicatum*, Brug.
— *margaritaceum*, Broc.
Cytherea undata, Bast.
Cyrena Brongniarti, Bast., etc.

Les mêmes assises se revoient vers Rambaud et dans divers points sur les flancs de la vallée du Gua-Mort; aussi ai-je cru devoir relier tous ces gisements et marquer une bande continue d'Aquitanien, comme avait fait M. Linder, bien que leur continuité soit souvent cachée par le Sable des Landes.

Parmi les plus intéressants, il faut signaler celui qui se

trouve vers le Pont-du-Claron, au Sud du hameau de Courrens, où les *Cerithium margaritaceum*, Broc., atteignent des dimensions remarquables et présentent généralement l'ouverture entière. J'ai trouvé là, avec tous les Cérithes de l'Aquitanien, la *Fasciolaria tarbelliana*, Grat., espèce langhienne (1).

Sur la rive gauche du Gua-Mort, je citerai encore le gisement du Plantat, dont M. Benoist a donné la coupe (2); elle comprend, surtout en haut, des couches saumâtres à Cérithes avec intercalations lacustres, et plus bas un falun marin très typique indiquant apparemment un niveau moyen de l'Aquitanien, avec :

Strombus trigonus, Grat.
Hemifusus tarbellianus, Grat.
Melongena Lainei, Bast.
Turritella Desmaresti, Bast.
Monodonta elegans, Bast.
Natica (Cernina) compressa, Bast.
Cytherea undata, Bast.
Lucina incrassata, Dub., etc.

L'Aquitanien inférieur existerait plus bas sous forme d'un sable argileux bleu.

L'Aquitanien inférieur et l'Aquitanien moyen se trouvent aussi à Gassie, d'après Tournouër.

J'ai décrit ailleurs *(loc. cit.)* le gisement de Pouquet, près Cabanac, qui présente une faune ayant les plus grandes affinités avec celle de Lariey et qui renferme déjà quelques espèces langhiennes (*Turritella turris*, Bast., *Fasciolaria tarbelliana*, Grat., *Cytherea erycina*, Lam.). Ce niveau semble, par sa faune, un peu supérieur à celui qui affleure dans la propriété de M. Labat, où le faciès argileux rappelle plutôt l'Aquitanien inférieur, mais où la *Neritina Ferussaci* est déjà roulée, et où on trouve pas mal d'espèces de Lariey.

En suivant la rive droite du Gua-Mort, on retrouve des lambeaux aquitaniens fossilifères à quelque distance du ruisseau, vers Darriet, Chiret, Pinot. Ils se rapportent par leur faune, comme je l'ai montré (3), à l'Aquitanien moyen et supérieur.

---

(1) E. Fallot, *Note sur l'Aquitanien dans la vallée du Gua-Mort* (*P.-V. Soc. Lin.*, 4 décembre 1889).

(2) *Actes Soc. Lin.*, t. XXXI, p. XXXVIII.

(3) E. Fallot, *P.-V. Soc. Lin.*, 4 décembre 1889.

M. Degrange-Touzin a retrouvé les mêmes couches en allant vers le château de Saint-Selve. Elles sont particulièrement fossilifères entre le Raton et Durand. J'ai donc indiqué sur la carte une bande continue d'Aquitanien le long de la vallée du Gua-Mort, sur son flanc droit, mais je n'ai vu nulle part le contact de cet étage avec le Tongrien (calcaire à Astéries) qui est exploité le long du Gua-Mort, dans Saint-Morillon (1).

Je n'ai pas retrouvé l'Aquitanien plus au Sud, dans les limites de la carte, sauf dans le point que j'ai indiqué à propos du Crétacé supérieur entre Haut-Villagrains et Peyot. Mais il existe très net entre Landiras et Bommes, en dehors des confins de la carte (2).

L'Aquitanien réapparaît plus au Nord; on peut l'étudier dans les environs de Martillac, Léognan, Canéjan, Talence, Saint-Médard-en-Jalles et Le Haillan.

A Martillac, l'Aquitanien est beaucoup plus étendu que ne l'a indiqué M. Linder. On le voit très net entre Lartigue et Lantic, dans les vignes, et surtout dans la propriété de La Garde, où des fossés nouvellement creusés permettent de l'étudier. Il se montre aussi le long du ruisseau, particulièrement vers le Breyra, et au Nord dans les vignes, où on peut ramasser de nombreux fossiles. Il nous a semblé en général très difficile à subdiviser. Cependant, à la base, il présente ordinairement des argiles bleues se liant ou se confondant avec les argiles panachées, à concrétions, qui recouvrent le calcaire à Astéries, très peu développé dans cette vallée. Ces argiles bleues sont fossilifères au Breyra, où j'ai recueilli : *Cerithium pseudothiarella*, d'Orb., *C. plicatum*, Brug., *C. girondicum*, May., *Lucina dentata*, Bast.

Dans la propriété de La Garde, ce qui est surtout visible, ce sont des calcaires sableux et argileux rappelant les couches de

(1) M. Linder n'avait pas reconnu ces gisements et n'avait point indiqué l'Aquitanien sur la rive droite.

(2) D'après Tournouër, les argiles à concrétions calcaires se voient sous Artigues (près Landiras).

Bazas. Là, les *Cerithium calculosum, margaritaceum*, abondent avec les principales espèces de l'Aquitanien moyen. Au Nord du Breyra, j'ai recueilli par contre une faune qui a des affinités langhiennes très nettes, ainsi qu'on peut le voir par la liste suivante, et qui doit se placer au niveau de l'Aquitanien supérieur :

Oliva subclavula, d'Orb.
Melongena cornuta, Ag. (de petite taille).
Tudicla rusticula, Bast.
Turritella turris, Bast.
Cerithium fallax, Grat.
— *margaritaceum*, Broc.
— *subclavatulatum*, d'Orb.
— *papaveraceum*, Bast.
— *calculosum*, Bast.
Cerithium bidentatum, Grat.
— *plicatum*, Brug.
Trochus Bucklandi, Bast.
Cardita hippopæa, Bast.
Cytherea undata, Bast.
Lucina ornata, Ag.
Corbula gibba, Olivi.
Arca barbata, Lin.
— *clathrata*, Desh.

L'Aquitanien reparaît dans la commune de Léognan. Tournouër a fait connaître la succession des couches sur le ruisseau, et attiré particulièrement l'attention sur le niveau inférieur, les argiles bleues à *Neritina Ferussaci*, Recluz, *Cerithium calculosum*, Bast., et *plicatum*, Brug., du moulin des Sables. Les couches supérieures sont mal représentées là ; cependant la roche jaune (n° 2) de la vallée de Saucats y existe, mais fortement démantelée.

J'ai pu, par contre, les étudier au château du Thil, sur les confins des communes de Léognan et de Martillac, dans des canaux d'irrigation et d'assainissement creusés dans la forêt au Sud-Ouest de la propriété.

Des blocs épars de calcaire à Cérithes se rencontrent un peu partout à la surface du sol, et, dans les berges, on peut voir des argiles sableuses jaunâtres remplies de fossiles dont l'ensemble indique plutôt la partie supérieure de l'étage aquitanien. J'y citerai surtout :

Oliva Dufresnei, Bast.
Nassa aquitanica, May.
Buccinum baccatum, var. *minor*, Bast.
Turritella Desmaresti, Bast.
Cerithium calculosum, Bast.
— *subclavatulatum*, d'Orb.
— *plicatum*, Brug.

Cerithium margaritaceum, Broc.
— *pseudothiarella*, d'Orb.
— *girondicum*, May.
— *fallax*, Grat.
— *corrugatum*, Bast.
Trochus Bucklandi, Bast.
Monodonta Araonis, Bast.
Neritina Ferussaci, Recluz.
Grateloupia difficilis, Bast.
— *irregularis*, Bast.
Lucina incrassata, Dub.
— *ornata*, Ag.
— *columbella*, Lk.
Arca barbata, Lin.

On y aurait aussi trouvé *Melongena Lainei*, Bast.

J'y ajouterai encore deux ou trois espèces langhiennes, telles que *Oliva clavula* (*O. subclavula*, d'Orb.), Bast., *Turritella terebralis*, Lk. Du reste, ce falun se lie à un niveau langhien très net dans les mêmes fossés sans que j'aie vu aucune trace de calcaire d'eau douce entre les deux. (Voir plus loin.)

L'Aquitanien se retrouve plus au Nord, vers Canéjan, dans la vallée de l'Eau-Bourde.

On peut le voir aussi dans celle du Peugue, où M. de Sacy a recueilli dernièrement en amont de la Ferme-École (commune de Pessac), le long du ruisseau, dans un falun grisâtre :

Conus aquitanicus, May. (rare).
Oliva subclavula, d'Orb.
Fusus burdigalensis, Bast. (rare).
Murex cœlatus, Grat.
Melongena Lainei, Bast.
Turritella Sandbergeri, May.
— *terebralis*, Lam. var.
Cerithium bidentatum, Grat.
— *plicatum*, Brug.
— *papaveraceum*, Bast.
— *margaritaceum*, Broc.
— *corrugatum*, Bast.
— *girondicum*, May.
— *galliculum*, May.
Natica aquitanica, May.
— *(Cernina) compressa*, Bast.
— *neglecta*, May.
— *Josephinia*, Risso.
Monodonta (Clanculus) Araonis, Bast.
Neritina Ferussaci, Recluz.
Helix girondica, Noulet (non roulé).
Corbula carinata, Duj.
Cytherea Lamarcki, Ag.
Venus aglauræ, Brong. (var. de Mérignac).
Lucina incrassata, Dub.
— *ornata*, Ag.
— *columbella*, Lamk.
— *leonina*, Desh.
Cardium Grateloupi, May.
— *burdigalinum*, Lam.
Cardita hippopæa, Bast.
Cytherea undata, Bast.
Cyrena Brongniarti, Bast.
Donax affinis, Desh.
Mytilus aquitanicus, May.
Ostrea aginensis, Tourn. (roulée).
Etc., etc.

Ce gisement, qui renferme déjà quelques espèces langhiennes rares du reste, appartient sans doute à l'Aquitanien supérieur, et il est recouvert sur la rive droite par des assises à faune langhienne inférieure qui affleurent dans les fossés de la route, sans qu'il y ait trace de calcaire d'eau douce intercalé, ce qui rappelle la disposition des assises du château du Thil.

A mesure qu'on va vers le Nord-Ouest, l'Aquitanien supérieur présente des affinités langhiennes de plus en plus marquées : c'est ce que démontre l'étude de la faune célèbre du *falun-type* de Mérignac (propriété Baour), où l'on trouve avec les Cérithes ordinaires de l'Aquitanien les formes marines typiques du même étage, comme :

Melongena Lainei, Bast.
Murex cœlatus, Grat.
Turritella Desmaresti, Bast.
Natica aquitanica, May.
— *compressa*, Bast.
Trochus Bucklandi, Bast.
Monodonta (Clanculus) Araonis, Bast.
Cardita hippopœa, Bast.
Tellina aquitanica, May.
Cytherea undata, Bast.
Venus aglauræ, Brong., var.
Cyrena Brongniarti, Bast.
Lucina incrassata, Dub.
— *globulosa*, Desh.
— *dentata*, Bast.
Arca cardiiformis, Bast.
Mytilus aquitanicus, May.

et en même temps des espèces langhiennes soit des niveaux inférieurs (Peloua, Thibaudeau), soit même de niveaux plus élevés :

Ancillaria glandiformis, Lamk.
Cassis crumena, Lamk.
Ranella tuberosa, Bon.
— *subgranifera*, d'Orb.
Melongena cornuta, Ag.
Fusus burdigalensis, Bast.
Voluta rarispina, Lamk.
Strombus Bonelli, Brong.
Buccinum subpolitum, d'Orb.
Calyptræa deformis, Lamk.
Cardium Grateloupi, May.
— *burdigalinum*, Lamk.
Cytherea erycina, Lamk.
Venus islandicoides, Lamk.
Mactra striatella, Lamk.

Ce niveau est sans doute inférieur à un autre placé dans la même propriété où la faune langhienne est plus typique (voir plus loin). Mais déjà ici, le passage de l'Aquitanien au Langhien est extrêmement marqué, comme dans toute la région avoisinante (Saint-Médard, le Haillan); il y a là une série de faluns *mixtes* difficiles à classer, qui fournissent un argument important en faveur d'une nouvelle classification des assises tertiaires. Celle-ci, déjà défendue par Tournouër, par M. Mayer, Eymar les diviserait en deux grands groupes : le *Paléogène*, comprenant l'Éocène et le Tongrien, et le *Néogène*, formé de tous les étages supérieurs, à partir de l'Aquitanien inclusivement (1).

Enfin, l'Aquitanien se voit encore plus au Nord, le long de la Jalle, vers le moulin de Gajac, où M. Degrange-Touzin l'a décrit (2), et vers Saint-Médard-en-Jalle (au camp des Lanciers), où Tournouër a signalé un affleurement du falun de Mérignac.

MIOCÈNE.

Le Miocène n'est représenté dans la Gironde et par conséquent sur la carte que par ses deux étages inférieurs, le Langhien et l'Helvétien. Ces deux séries ne se montrent que dans quelques vallées de la rive gauche de la Garonne, vers leur extrémité occidentale, c'est-à-dire qu'elles sont en retrait sur les assises précédentes, la mer semblant s'être retirée petit à petit du bassin de l'Aquitaine.

Langhien.

Le Langhien (3) peut se diviser en trois sous-étages (inférieur moyen et supérieur), comme je l'ai indiqué depuis longtemps (4), mais les analogies du faciès, presque toujours *falunien* (calcaires sableux coquilliers, généralement délités sous forme de sables) et les relations fauniques qui existent entre les diverses assises rendent cette classification souvent très difficile à appliquer.

De plus, les affleurements étant très restreints (5), visibles

---

(1) Voyez surtout E. Fallot, *Annuaire géologique universel*, t. V et VIII.

(2) *Actes Soc. Lin.*, t. XXXIV, p. LIV.

(3) Je conserve ce terme de Langhien qui ne me semble pas devoir être proscrit de la nomenclature et je le préfère à celui de Burdigalien qui me paraît inutile et mal choisi (Voy. surtout, à ce sujet, *Bull. Soc. Géol.*, 3e série, t. XXI, p. LXXVII et suite).

(4) *Esquisse géol. du départ. de la Gironde*, 1889.

(5) Ils ont été le plus souvent très exagérés sur la carte.

presque uniquement dans les berges mêmes des ruisseaux, ne permettent pas toujours de se rendre compte de la disposition stratigraphique des couches les unes par rapport aux autres. Ce n'est donc que par de nombreuses coupes et une étude très détaillée des faunes que l'on peut arriver à une succession à peu près exacte.

Sous ce rapport, la vallée de Saucats présente, comme pour l'Aquitanien, la série la plus complète.

Le Langhien inférieur repose au moulin de l'Église, sur le calcaire n° 5 de l'Aquitanien supérieur, sous la forme d'un falun rosé ou mieux jaune-rougeâtre, que l'on peut voir sur la rive gauche du ruisseau, en amont de la route du Son. Il était autrefois visible dans les carrières de Giraudeau, placées près de là. La faune de ce falun est maintenant très difficile à étudier, bien qu'on trouve quelques fossiles à la surface des champs; mais, il y a quelques années, on pouvait la rencontrer avec une richesse et une abondance de formes incomparables au lieu dit *le Peloua*, sur la rive droite.

Le falun, recouvert d'une assez mince couche de terre végétale, est tout à fait épuisé actuellement; mais on a pu y recueillir plus de 400 espèces différentes. Je citerai comme les plus caractéristiques :

Conus tarbellianus, Grat.
Ancillaria glandiformis, Lamk.
Cassis Rondeleti, Bast.
— *saburon*, Lamk.
— *crumena*, Lamk.
— *elegans*? Grat. [1].
* *Murex subasperrimus*, d'Orb.
— *aquitanicus*, Grat.
Triton nodiferum, Lamk.
Persona tortuosa, Borson.
Ranella tuberosa, Bon.
— *subgranifera*, d'Orb.
— *marginata*, Brong.
Strombus Bonelli, Brong.
* *Ficula condita*, Sism.
* *Tudicla rusticula*, Bast.
* *Melongena cornuta*, Ag.
* *Xenophora Deshayesi*, Micht.
* *Proto cathedralis*, Blainv.
* *Turritella terebralis*, Lamk.
Cerithium Salmo, Bast.
* *Cardium burdigalinum*, Lamk.
Cardita pinnula, d'Orb.
* *Pectunculus cor*, Bast.
* *Pecten burdigalensis*, Lamk.
Etc., etc.

(1) Cette espèce est si mal décrite par Grateloup qu'on ne peut l'y assimiler d'une façon positive.

Il y a dans cet ensemble un certain nombre d'espèces qui se retrouvent abondamment dans la faune typique de Léognan (Coquilla); elles sont marquées d'un astérisque, mais à côté d'elles il y a une série de formes jusque-là considérées comme rarissimes dans les faluns de la Gironde, et dont quelques-unes se retrouvent ailleurs beaucoup plus haut, comme par exemple *Cassis saburon, Ancillaria glandiformis* [1], etc ; néanmoins, la position du falun du Peloua à la base du Langhien est fixée par ce fait qu'il est recouvert un peu plus loin par le falun-type de Léognan (à une cinquantaine de mètres au nord-est du champ), et que, d'autre part, il présente à sa base, avec de nombreux Polypiers, des blocs à peine roulés du calcaire d'eau douce de l'Aquitanien supérieur, évidemment démantelé sur place par la mer langhienne.

J'ajouterai qu'une fouille récente a permis à M. de Sacy de trouver quelques espèces aquitaniennes dans le sable argileux, grisâtre et onctueux sur lequel il repose. J'ai pu déterminer, en effet, les espèces suivantes :

Cerithium plicatum, Brug.
Neritina Ferussaci, Recluz.
Lutraria sanna, Bast.
Lucina incrassata, Dub.
Lucina globulosa, Desh.
— *dentata*, Bast.
Circe Deshayesi, Bast.
Cytherea undata, Bast.

J'y ajouterai *Planorbis cornu*, Brong., var. *solidus*, Thom., complètement détachés, et une ou deux espèces indiquant l'approche du Miocène proprement dit, comme par exemple un *Trochus patulus*, Broc., de très petite taille.

Enfin, un dernier fait très important, c'est la présence dans le falun du Peloua lui-même d'une faune de Cérithes aquitaniens, non roulés, qui impriment à la faune un caractère un peu plus ancien que ne le ferait croire la liste indiquée plus haut. J'y citerai surtout les *Cerithium plicatum*, Brug., *subclavatulatum*, d'Orb., *corrugatum*, Bast., *girondicum*, May., etc., etc.

[1] Dans la Gironde, *Ancillaria glandiformis*, comme *Cerithium Salmo*, paraissent caractéristiques du Langhien inférieur.

Le falun du Peloua, par sa faune mixte, par sa position stratigraphique, est donc bien à la base du Langhien; il se rapproche donc surtout, comme les faluns inférieurs de Léognan que je vais étudier, de certains horizons de Saint-Paul-les-Dax, de celui de Sausset (Bouches-du-Rhône) et de celui de Loibersdorf (Autriche); mais il a aussi de grandes analogies avec le falun-type de Mérignac, que quelques espèces marines caractéristiques m'engagent à laisser dans l'Aquitanien supérieur.

Le *Langhien moyen* est représenté dans la vallée de Saucats par le falun jaune de Lacassagne, qui semble se lier au falun rose du moulin de l'Église et par le falun bleu du moulin de Laguës qui le surmonte. Ces deux faluns ont la même faune : celle du Langhien-type de Léognan (falun jaune du Coquilla et falun bleu du bois de Léognan).

On peut y citer :

Vaginella depressa, Daud.
Buccinum (Cominella) Veneris, Fauj.
Melongena cornuta, Ag.
Murex subasperrimus, d'Orb.
— *lingua bovis*, Bast.
Ficula condita, Sism.
Fusus burdigalensis, Bast.
Tudicla rusticula, Bast.
Cancellaria acutangula, Fauj.
Xenophora Deshayesi, Micht.
Turritella terebralis, Lamk.
Turritella turris, Bast.
Proto cathedralis, Blainv.
Voluta rarispina, Lamk.
Venus casinoides, Bast.
— *islandicoides*, Lamk.
Cytherea erycina, Lamk.
Cardium girondicum, May.
— *burdigalinum*, Lamk.
Tapes vetula, Bast.
Arca girondica, May.
Pectunculus cor, Lamk.
Avicula phalenacea, Lamk.
Pecten Beudanti, Bast.
Pecten burdigalensis, Lamk.
Ostrea digitalina, Eich.
Etc., etc.

Le Langhien supérieur est formé à Saucats par les niveaux de la Coquillière [1] et de Pont-Pourquey. Le premier, surtout caractérisé par la *Mactra striatella*, Lamk. et la *Lucina columbella*, Lamk. (grande variété) valvée, est immédiatement surmonté par le falun blanc-jaunâtre de Pont-Pourquey si

[1] Le falun de Gieux semble au même niveau.

riche en mollusques, en acéphales surtout. On peut y citer :

Terebra plicaria, Bast.
Terebra Basteroti, Nyst.
Oliva Basteroti, Defr.
Buccinum baccatum, Bast (grande variété).
Buccinum subpolitum, d'Orb.
Sigaretus aquensis, Recluz.
Cerithium pictum, Bast.
Mactra striatella, Lamk.
Tellina strigosa, Gmel.
— *bipartita*, Bast.
— *senegalensis*, Hanley.
Donax transversa, Desh.
Lucina ornata, Ag.
— *columbella*, Lamk.
Grateloupia triangularis, Bast.
Dosinia Basteroti, Ag.
Ostrea gingensis, Schlot. Etc., etc.

Quelques coquilles d'eau douce existent à la partie supérieure du falun de Pont-Pourquey ; j'y citerai : *Planorbis cornu*, Brong., var. *solidus*, Thom., *Helix involuta*, Th., mais elles n'y forment point un véritable horizon ; elles indiquent peut-être l'embouchure d'un cours d'eau.

Si nous remontons vers le Nord, dans la vallon de Moras, nous retrouvons le Langhien, où il existe des faluns jaunâtres qui se terminent par le falun bleu (niveau de Lagues) avec les fossiles les plus typiques.

On retrouve le même étage à Martillac (Pas-de-Barreau) où on voit un falun jaune assez analogue au niveau de Léognan (le Coquilla) et de Saucats (La Cassagne). Dans la commune de Léognan, le Langhien inférieur et le Langhien moyen sont fort bien représentés.

Le premier est surtout caractérisé par la *Mollasse ossifère* si typique de la localité et par quelques niveaux faluniens, le deuxième par le falun jaune du Coquilla et le falun bleu du bois sur lesquels je ne reviendrai pas, ayant donné une idée de leur faune en décrivant le Langhien moyen de Saucats.

Quant à la Mollasse ossifère, elle renferme surtout des dents de poissons (*Carcharodon megalodon*, Ag., *Lamna, Oxyrhina, Myliobates, Notidanus*), des Échinides tels que *Scutella subrotunda*, Lamk., *Echinolampas hemisphæricus*, Ag., *Echinolampas Laurillardi*, Ag., *Clypeaster Scillæ*, Des Moul., *Clypeaster crassicostatus*, Ag., et des *Pecten (Pecten burdigalensis)*. On y a trouvé anciennement de superbes débris de vertébrés, *Squalodon Grateloupi*, P. Gerv., *Zeuglodon vasconum*, Delf., *Plotornis Delfortriei*, A. Edw., *Pelagornis miocenus*, *Sula pymæa*, A. Edw., *Chelonia girondica*, Delf., dont quelques échantillons provenant de la collection Delfortrie figurent au Muséum de Bordeaux.

La Mollasse présente quelquefois des niveaux fossilifères avec coquilles très bien conservées; c'est ce qu'on peut voir, par exemple, dans la propriété de M. Thibaudeau, et c'est également le niveau qui a été rencontré au Château-Olivier. Les fossiles les plus caractéristiques de cet horizon inférieur sont :

Conus aquitanicus, Tourn.
Ancillaria glandiformis, Lamk.
Rostellaria dentata, Grat.
Cerithium Salmo, Bast.
Tellina planata, Lin.
— *lacunosa*, Chem.
Cardium Grateloupi, May.
Cytherea Lamarcki, Ag. Etc.

Mais à côté d'eux existent beaucoup de formes typiques du Coquilla.

Dans ces derniers temps, j'ai pu étudier la même zone dans les fossés d'assainissement de la forêt du château du Thil, sous forme d'un falun argileux bleuâtre, se liant intimement avec les couches aquitaniennes que j'ai décrites plus haut. J'y indiquerai surtout :

Oliva subclavula, d'Orb.
Tudicla rusticula, Lk.
Ficula condita, Sism.
— *burdigalensis*, Sow.
Cerithium Salmo, Bast.
Turritella terebralis, Lamk.
Sigaretus aquensis, Recluz.
Ancillaria glandiformis, Lamk.
Donax transversa, Desh.
Tellina bipartita, Bast.
Cardium Grateloupi, Bast.
— *girondicum*, May.
Lucina columbella, Lamk.
Lucina ornata, Ag.
Pectunculus cor, Lamk.
Etc., etc.

Le Langhien inférieur se voit le long du ruisseau de l'Eau Bourde, particulièrement vers Canéjan, où la Mollasse dite de Léognan existe et est fossilifère. Les niveaux qui viennent au-dessus sont encore peu étudiés; mais à Cestas, vers Fourc et sous le bourg, dans le ruisseau, comme aussi dans le cimetière, on peut retrouver le Langhien supérieur (falun de Pont-Pourquey), où j'ai recueilli :

Buccinum baccatum, Bast. (grande variété de Pont-Pourquey).
Buccinum subpolitum, d'Orb.
Oliva Basteroti, Defr.
Tudicla rusticula, Bast.
Sigaretus aquensis, Recluz.
Mactra striatella, Lamk.
Tellina lacunosa, Chem.
Grateloupia irregularis, Bast.
Donax transversa, Desh.
— *affinis*, Desh.
Lucina ornata, Ag.
Pectunculus cor, Lamk.
Etc., etc.

On peut y citer aussi quelques espèces d'eau douce, comme au même niveau dans la vallée de Saucats : *Helix involuta*, Th., *H. osculum*, Th., y auraient été trouvés par M. Benoist.

Le Langhien existe aussi à Pessac, dans la propriété Eschenauer, sur les bords du ruisseau. M. Benoist y a cité des espèces typiques de Léognan (Coquilla), telles que *Vaginella depressa*, *Cancellaria acutangula*, *Fusus burdigalensis*, *Trochus patulus*, *Venus islandicoides*, et d'autres de niveaux plus inférieurs, *Cerithium salmo*, *Turritella Desmaresti*, etc. [1]. C'est peut-être aussi au Langhien inférieur ou à un falun mixte faisant le passage entre l'Aquitanien et le Langhien qu'il faut rapporter les sables coquilliers de la propriété Grangeneuve. Le Langhien a aussi été reconnu au Haut-Livrac.

Enfin, le Muséum de Bordeaux possède quelques espèces langhiennes (*Turritella terebralis*, *Venus islandicoides*, *Pectunculus cor*, etc.) venant d'une excavation placée à côté de la propriété Clouzet, à 300 mètres du village de Monteils. M. Linder, qui a fait don de ces coquilles, avait accompagné l'envoi d'une note manuscrite dans laquelle il rapporte ce gisement ou falun de Léognan, et indique que le même falun existe dans un sondage à $9^{m}50$ sous le sol. Il signale la limite du falun de Léognan entre Monteils et le moulin d'Arlac, où se trouve le falun de Mérignac.

J'ai indiqué plus haut dans la vallée du Peugue et dans la même commune vers la Ferme-École l'Aquitanien supérieur ;

---

(1) Voy. *Actes Soc. Lin.*, t. XXXII, p. VIII.

il est surmonté par un falun jaunâtre où domine *Conus aquitanicus,* May., et où l'on peut citer *Ancillaria glandiformis,* Lamk., *Oliva subclavula,* d'Orb., *Cassis crumena,* Lamk., *Natica Josephinia,* Risso, *Lucina leonina,* Desh., etc. C'est la base du Langhien inférieur sans doute. Un peu plus haut (toujours dans les fossés de la route), on trouve à peu près les mêmes espèces avec quelques Pleurotomes du niveau de la propriété Thibaudeau, et *Ficula condita,* Sism., *Fusus burdigalensis,* Bast., *Turritella terebralis,* Lamk., *T. Desmaresti,* Bast., *T. turris,* Bast., *Cancellaria acutangula* (jeune), Fauj., *Venus casinoides*, Bast., *Corbula carinata*, Duj., *Lucina columbella,* Lamk., *Pectunculus cor*, Lamk. C'est bien là, dans l'ensemble, une faune langhienne inférieure très nette.

Le Langhien inférieur existe encore à Mérignac, dans la propriété Baour, où se trouve le falun-type de cette localité, dont j'ai parlé au sujet de l'Aquitanien supérieur. M. Degrange-Touzin, qui y a rencontré des vestiges de calcaire d'eau douce, débris d'une couche très mince qui séparait peut-être les deux ruisseaux, a recueilli là une faune qui rappelle beaucoup celles de Léognan inférieur et du Peloua. Les espèces aquitaniennes y deviennent rares, et, à côté des espèces typiques du Langhien inférieur ou des couches de passage telles que *Ancillaria glandiformis,* Lamk., *Conus aquitanicus,* May., *Rostellaria dentata*, Grat., *Cerithium salmo*, Bast., *Cardium Grateloupi,* May., on peut citer une bonne partie de la faune du Coquilla :

Vaginella depressa, Daud.
Cancellaria acutangula, Fauj.
Voluta rarispina, Lamk.
Ficula condita, Sism.
Turritella turris, Bast.
Calyptræa deformis, Lamk.
Trochus patulus, Broc.
Euthria contorta, Grat.
Cytherea erycina, Lamk.
Cardium burdigalinum, Lamk.
— *girondicum,* May.
Tapes vetula, Bast.
Tellina bipartita, Bast.
— *planata,* Lin.
Arca girondica, May.
Etc., etc.

Plus anciennement, Tournouër avait signalé le falun jaune

de Léognan à Mérignac au delà de l'Église, dans les jardins à droite du village.

Des faluns analogues comme faune à ceux que je viens de citer à Mérignac existent dans les communes du Haillan et de Saint-Médard, présentant toujours des faunes mixtes.

A 500 mètres au Sud du moulin de Gajac, M. Degrange-Touzin a signalé une assise évidemment supérieure à l'Aquitanien visible le long du ruisseau, et qui renferme une faune où les espèces aquitaniennes se mêlent aux espèces langhiennes. Celles-ci, parmi lesquelles je remarque bien des formes que je viens d'inscrire dans la liste ci-dessus, m'ont engagé à placer ce niveau à la base du Langhien, ce que j'ai indiqué sur la carte.

Le Muséum possède une petite série du Haillan où je note : *Oliva subclavula*, d'Orb., *Ancillaria glandiformis*, Lamk., *Natica Josephinia*, Risso, *Turritella terebralis*, Lamk., *Trochus patulus*, Broch., *Cytherea Lamarcki*, Ag., *Venus casinoides*, Bast., etc., que je rapporte aussi au Langhien inférieur.

A Saint-Médard-en-Jalle, on voit réapparaître dans le Langhien inférieur le faciès de la Mollasse ossifère de Léognan. Les bancs exploités à Caupian présentent la même faune qu'à Léognan, les mêmes dents de Poissons, les mêmes Échinides, tels que *Echinolampas hemisphæricus* et *Laurillardi*, et le très rare *Clypeaster Scillæ*, dont un bel échantillon a été donné dernièrement à la Faculté par le Dr Busquet. Les autres fossiles (*Pecten* excepté) sont à l'état de moules et indiquent bien la faune de Léognan.

Helvétien.

Des mollasses jaunâtres se continuent aussi le long de la Jalle; mais elles sont impossibles à suivre bien loin, à cause du fourré inextricable à travers lequel passe le ruisseau. Peut-être y a-t-il là des représentants du Langhien moyen et du Langhien supérieur.

Quoi qu'il en soit, on a cité depuis longtemps vers Martignas, sur un affluent de la Jalle, une mollasse gris jaunâtre autrefois exploitée et riche en fossiles, surtout à l'état de moules. La présence de *Panopæa Menardi*, Desh., d'*Arca turonica*, Duj., et surtout de *Cardita Jouanneti*, Desh., et de *Pecten Besseri*, Andrez [1], a engagé les auteurs à placer cette mollasse à la base de l'Helvétien. Les Échinides, parmi lesquels domine l'*Echinolampas hemisphæricus*, rappellent beaucoup la faune de Saint-Médard. Cependant les collections de la Faculté renferment *Conoclypeus semiglobus*, Desor., qui paraît provenir de cette localité. Cette espèce caractérise, comme on le sait, la mollasse helvétienne typique de Narrosse (Landes).

Si les dimensions de la carte ne m'ont pas permis de figurer les lambeaux les plus étendus de cet étage dans le département, c'est-à-dire ceux de Salles, je n'en dois pas moins citer les couches qui affleurent au fond de la vallée de Saucats depuis Cazenave, où elles reposent sur le falun de Pont-Pourquey, jusqu'à la Sime. Ce falun argilo-sableux renferme comme espèces caractéristiques : *Cardita Jouanneti*, Desh., *Lucina borealis*, Lin., *Venus multilamella*, Lamk., *Pectunculus pilosus*, Lin., *Arca helvetica*, May., *Trochopora conica*, d'Orb., etc.

C'est la couche tertiaire la plus élevée que l'on rencontre dans les confins de la carte et je pourrais dire aussi de la Gironde, car ni le Tortonien, ni le Sarmatien, ni le Messinien, ni aucun étage du Pliocène marin n'est représenté dans le département. La mâchoire d'*Elephas meridionalis* trouvée au Gurp, près Soulac, sous la grande dune, et déposée au Muséum de Bordeaux, pourrait seule faire présager la présence d'un lambeau appartenant à l'Arnusien ou Sicilien ; encore les dents offrent-elles déjà, d'après M. Harlé, des caractères qui rapprochent l'espèce d'*Elephas antiquus*, Falc.

---

(1) Voy. Benoist, *Actes Soc. Lin.*, t. XXXII, p. 97.

FORMATIONS DE RECOUVREMENT.

Ces formations jouent un rôle considérable dans la région; elles y sont puissantes et recouvrent d'immenses espaces, cachant ainsi le plus souvent les formations constitutives.

Je les ai représentées par deux couleurs, l'une indique les plus anciennes, celles qu'on pourrait appeler quaternaires, c'est-à-dire le Sable des Landes, le Dépôt superficiel de l'Entre-deux-Mers, les Alluvions anciennes; l'autre représente les sédiments de l'époque actuelle, ce sont les Alluvions récentes.

Toutes ces formations se ressemblent; ce sont des cailloux de diverse nature, en général très bien roulés, des sables, le tout entremêlé d'argiles. Le Sable des Landes présente toujours à une certaine profondeur une couche de grès ferrugineux compact, l'*alios*, qui constitue une assise imperméable amenant la stagnation des eaux.

Dans le Sable des Landes, les cailloux sont surtout quartzeux, et la partie superficielle, généralement formée de sable fin que les vents emportent au loin, a pu contribuer à la formation des dunes. S'il présente, dans la grande lande, dans les forêts de pins, un faciès bien typique, il est moins bien caractérisé vers les bords de la formation et là on ne sait comment le délimiter.

J'ai donc été amené à réunir sous la même teinte les trois premières formations sus-indiquées, par le fait qu'il me paraît très difficile d'établir, d'une part, une limite exacte entre le Sable des Landes et les Alluvions anciennes qui recouvrent le flanc gauche de la vallée de la Garonne, d'autre part, entre ces mêmes Alluvions ou celles de la Dordogne et le Dépôt de l'Entre-deux-Mers. Cette constatation amènerait logiquement à la conclusion que toutes ces formations sont de même origine et de même âge. Ce serait résoudre d'un mot un problème des plus compliqués et des plus obscurs.

Dans un travail déjà ancien, M. Linder [1], frappé de ces analogies, avait placé les formations susdites à l'époque quaternaire, et, ne pouvant renoncer à une origine marine pour le Sable des Landes, avait tenté de les expliquer par un envahissement de la mer, une sorte de vague énorme qui aurait remonté jusque vers le Plateau Central, et, en se retirant, aurait abandonné sur son passage les sables, graviers et cailloux qui constituent les dépôts que nous étudions.

Cette opinion semble bien improbable et l'on peut se demander si on ne pourrait pas, au contraire, expliquer les faits par une vaste formation diluvienne dont les caractères se modifieraient un peu suivant certaines circonstances géographiques ou géologiques. C'est cette hypothèse que je vais examiner.

Tout d'abord on peut poser en principe qu'il ne viendra à l'idée de personne que le Dépôt de l'Entre-deux-Mers, et à plus forte raison les cailloutis désignés sous le nom d'Alluvions anciennes soient d'origine marine. A ce taux, il faudrait admettre que tous les dépôts caillouteux quaternaires de la France et de l'Europe sont de même origine, ce qui serait absurde.

Du reste, on a trouvé des restes d'animaux terrestres dans ces dépôts : ainsi, le *Rhinoceros Mercki*, à Laroque, commune de Bassens, à 15 ou 20 mètres d'altitude, l'*Elephas antiquus* dans la tranchée des Quatre-fils-Aymon, près de la station de Gironde, entre 19 et 24 mètres [2].

Les Alluvions anciennes qui recouvrent le calcaire à Astéries à Cadillac [3] ont fourni, dans le jardin de l'hospice des aliénés, des restes de *Rhinoceros* et d'*Elephas.*

D'autre part, le Sable des Landes, dont l'aspect en grandes masses, dans l'intérieur des grandes forêts de pins de la région

---

(1) *Actes Soc. Lin.*, t. XXVI.

(2) Voy. Harlé, *Bull. Soc. Géol.*, 3e série, t. XXII, p. 532.

(3) Par suite d'une erreur de coloriage de la carte, on a figuré comme alluvions récentes la partie de ces formations qui sont à l'Est de la route de Cadillac à Loupiac, ce sont des alluvions anciennes qui recouvrent là le calcaire à Astéries.

landaise, rappelle en effet assez bien les formations littorales, n'a jamais fourni un seul débris d'origine marine. Or, on sait que certaines coquilles marines résistent assez bien aux chocs répétés, au roulement de la vague, et il n'est pas rare de trouver dans les poudingues actuels, c'est-à-dire au milieu de cailloux qui ont été fortement roulés, des débris de coquilles marines fort reconnaissables; il se forme de nos jours un poudingue de ce genre vers la pointe de Coubre.

Dans le Sable des Landes on n'a rien trouvé jusqu'ici et cela sur des étendues immenses (il recouvre environ 1,400 kilomètres carrés dans le S.-O.) et sur des profondeurs considérables (les sondages d'Arcachon et de Marcheprime lui donnent environ 50 mètres d'épaisseur en ces points, et peut-être a-t-il 80 mètres dans quelques endroits).

Il n'y a donc pas un fossile qui puisse amener à considérer positivement le Sable des Landes comme marin. Je sais bien qu'on n'y trouve pas de coquilles d'eau douce, ni de coquilles terrestres, mais celles-ci *(Helix, Clausilia)* (1) sont si ténues, si fragiles, qu'elles ne peuvent se comparer aux coquilles marines et qu'elles ont pu être complètement détruites. Du reste, on sait combien les cours d'eau en charrient peu. Les seuls débris organiques qui soient signalés dans le Sable des Landes, sont des morceaux de bois lignitifié, fait qui se voit surtout à l'embouchure des fleuves.

Si l'on admettait que le Sable des Landes n'est pas marin, il faudrait l'expliquer par un transport diluvien provenant de toutes les parties en relief qui entouraient le Bassin de l'Aquitaine (Plateau Central, Pyrénées) à partir de l'époque où la mer l'a quitté définitivement, et surtout au début de la période quaternaire, caractérisée partout par les grandes précipitations atmosphériques.

Dans ce cas, les masses d'eau, suivant la pente naturelle du

---

(1) Il s'agit ici de la masse même de la formation, car à sa base M. Linder a signalé qnelques coquilles terrestres (Léognan).

sol, devaient s'accumuler dans la partie la plus déclive du bassin, c'est-à-dire vers la mer, et pouvaient y constituer le dépôt que nous connaissons, mélange de sables, de cailloux et d'argiles. Ce dépôt prenait d'autant plus d'épaisseur que la région occidentale du bassin constitue, depuis une époque géologique très reculée, une aire d'affaissement des plus nettes.

Il suffit, pour s'en convaincre, de jeter un regard sur la carte; on voit, par exemple, la surface supérieure du calcaire à Astéries qui est à 90 mètres vers Rauzan (Nord de l'Entre-deux-Mers), descendre à 10 mètres vers Langon (au S.); on voit les lambeaux lacustres de l'Aquitanien inférieur atteignant 110 mètres et plus dans la même région, descendre à des altitudes de 15 à 20 mètres dans le Sud; l'Aquitanien marin, à 125 mètres à Castelvieil, descend à 30 mètres dans la Lande. On peut donc admettre que le Nord de l'Entre-deux-Mers est resté en place, tandis que la partie Sud s'affaissait; mais cet affaissement de la partie émergée, si net surtout à partir de la période aquitanienne, n'allait pas sans *un affaissement concomitant du fond de la mer avoisinante.* Cet affaissement explique comment le rivage de la mer langhienne est en retrait sur le rivage de la mer aquitanienne, et comment celui de la mer helvétienne est également en retrait sur celui de la mer langhienne, enfin comment le rivage actuel est en retrait sur celui de la dernière mer tertiaire. C'est donc par des courbes concentriques que l'on pourrait représenter ces différents rivages, la plus intérieure, c'est-à-dire celle qui est le plus près du centre géométrique du bassin, représentant le rivage le plus récent (1).

C'est précisément cette grande aire d'affaissement que les

---

(1) L'affaissement existe encore de nos jours, mais il est lent et la mer tend à empiéter de nouveau sur le territoire qu'elle avait quitté. Ce fait est signalé aussi bien à Arcachon qu'à la pointe de Grave et dans le sol même de Bordeaux. M. Harlé, qui semble disposé à admettre cet affaissement *(loc. cit.)*, n'y a peut-être pas suffisamment insisté.

apports diluviaux seraient venus combler sous la forme du Sable des Landes, et cela, comme je l'ai dit, au début de l'ère quaternaire, car M. Linder a signalé à sa base, à Léognan, des coquilles vivant encore actuellement *(Helix nemoralis, Cyclostoma elegans)* et le même fait existerait à La Brède. Je ne vois donc aucune raison de placer le Sable des Landes dans le Pliocène supérieur, comme l'admettent certains auteurs.

Ce qu'on peut dire, c'est que son dépôt a précédé le creusement des vallées en général, puisqu'il fallait qu'il existât pour qu'il fût creusé par les cours d'eau qui le traversent actuellement (la Leyre, les affluents de gauche de la Garonne). Mais, d'autre part, rien ne prouve que les grandes vallées comme celles de la Garonne n'aient pas déjà été ébauchées à cette époque.

En résumé, si l'on adoptait l'origine d'eau douce, on pourrait se représenter le Sable des Landes comme le résultat d'une sorte de vaste delta torrentiel compris entre deux grandes artères fluviales, Gironde et Garonne d'une part, Adour d'autre part, et traversés seulement par quelques cours d'eau, relativement faibles par rapport à sa masse (Leyre, etc.), comme les deltas actuels en présentent. J'ajouterai que l'expression *delta* pourrait sembler justifiée par l'allure géographique de tous les cours d'eau provenant des Pyrénées et par la forme triangulaire de l'aire de dépôt du Sable des Landes. Ce serait comme si la quantité d'eau qui l'a formée, étant venue à diminuer, s'était séparée petit à petit en cours d'eau parallèles ou convergents, et que, n'ayant plus la force nécessaire pour traverser la masse de dépôts que les eaux avaient accumulés devant elles, elles se soient déversées les unes à gauche, les autres à droite, les unes vers l'Adour, les autres vers la Garonne. Enfin, cette hypothèse d'une sorte de delta aurait l'avantage de ne pas supprimer l'action marine qui se serait exercée comme toujours vers l'extérieur, et de considérer les étangs du littoral actuel comme les lagunes laissées par la mer, que l'on voit dans certains deltas et les dunes comme des dépôts de sable *marin* accumulés par les vents (1).

Quant au Dépôt de l'Entre-deux-Mers, il paraît être un des résultats du phénomène diluvien, mais se présentant dans des conditions spéciales. Le Dépôt de l'Entre-deux-Mers est surtout une formation argilo-siliceuse plus ou moins colorée en brun ou en rouge par l'hydroxyde de fer, et ne présente pas toujours, tant s'en faut, des nappes de cailloux roulés ; cependant on peut en voir de beaux exemples dans certains points, à Saint-Germain-de-Grave par exemple, où ils sont sur une grande épaisseur, et dans quelques autres localités. Il doit être en partie le résultat du lavage opéré par les eaux diluviennes sur les argiles et sur les calcaires tongriens en place. Le calcaire plus ou moins dissous a été entraîné; la partie insoluble (argile, silice) est restée en place, recouvrant le tout d'un manteau uniforme.

Quant aux cailloux quartzeux ou autres, aux sables amenés par les eaux descendant du Plateau Central, ils ont dû souvent passer sur l'Entre-deux-Mers sans s'y arrêter, ou tout au moins ne s'y sont-ils accumulés que dans des points particuliers pour aller s'amonceler dans cette sorte de fosse qui constitue l'aire du dépôt du Sable des Landes.

On pourrait donc ne voir dans le dépôt de ces deux formations (Sable des Landes et Dépôt de l'Entre-deux-Mers) qu'un seul et même phénomène empruntant aux circonstances géographiques leur aspect particulier. Mais, je le répète, le problème n'est pas résolu et il faut de nouvelles recherches et de nouveaux faits pour être éclairé sur l'origine réelle du Sable des Landes dont l'allure, comme je le disais en commençant, rappelle aussi les dépôts littoraux.

Il est évident enfin qu'une fois ces premiers sédiments formés, il y a eu des points d'élection où les phénomènes de

---

(1) Rien n'empêcherait du reste que le Sable des Landes soit d'origine diluvienne vers l'intérieur et marine vers l'extérieur.

creusement ont pu se produire plus particulièrement, et je ne verrais pour ma part aucune impossibilité à ce que le creusement primitif et principal de la Garonne ait pu se produire surtout aux points où les deux principaux courants (celui des Pyrénées et celui du Plateau Central) venaient se rencontrer. Il y avait, du reste, là une circonstance adjuvante très nette : c'est celle d'une dépression naturelle *ancienne* sur laquelle j'ai insisté ailleurs, et qui existait entre la ligne anticlinale crétacée (Villagrains-Landiras) et la région charentaise. Le fond de cette dépression devait suivre à peu près l'emplacement de la vallée actuelle entre Langon et Bordeaux.

Une fois ébauchées, les grandes vallées ont continué à se creuser pour arriver à leur état actuel, et à mesure que ce creusement se produisait, leurs alluvions devaient se spécialiser, si je puis ainsi dire. Mais lorsqu'on quitte les bords du fleuve pour gagner les coteaux restés témoins du creusement à son origine, on trouve des dépôts qu'on peut de moins en moins séparer, soit du Sable des Landes, soit des cailloux de l'Entre-deux-Mers, et on arrive à réunir le tout sous le nom de formations de recouvrement anciennes.

Cette difficulté de séparation est très visible sur le terrain d'abord; d'autre part, il n'y a qu'à regarder, par exemple, la carte de M. Raulin et les feuilles publiées par M. Linder, pour voir que ces deux auteurs n'admettent pas la même limite aux deux formations. M. Raulin a imaginé une ligne fictive qui se maintient uniformément à une quinzaine de kilomètres environ de la Garonne actuelle; d'un côté, à l'Ouest, ce serait le Sable des Landes; de l'autre côté, à l'Est, les Alluvions anciennes. M. Linder a compris cette limite d'une autre façon, sans indiquer sur quel critérium il s'appuyait; quant à moi, je suis arrivé jusqu'ici à un résultat négatif et la vérité m'oblige à l'indiquer. J'ai renoncé à marquer la séparation entre le Sable des Landes et les terrasses alluviales les plus anciennes, et je ne sais si je pourrai y arriver plus tard d'une façon positive.

Quant aux Alluvions récentes, elles ne se séparent aussi des anciennes que d'une façon fictive; j'ai cru devoir désigner sous ce nom celles qui correspondent aux crues extraordinaires des deux fleuves (Garonne et Dordogne), c'est dire qu'elles ne dépassent généralement pas, dans l'étendue de la carte, l'altitude de 10 mètres et se maintiennent souvent au-dessous dans les basses vallées (1).

Partout elles recouvrent des alluvions anciennes qui ne paraisssent pas toujours sur les bords et qui manquent généralement sur la rive droite de la Garonne où les coteaux presque à pic, constitués par le Tongrien, viennent pour ainsi dire jusqu'au bord du fleuve. Enfin, j'en ai marqué généralement une mince ligne le long des principaux affluents, bien que, souvent, elles soient peu visibles, cachées, en tout cas, par la terre végétale et les prairies.

19 Juin 1895.

---

(1) Dans la crue de 1875, la Garonne est montée jusqu'à 13 mètres au-dessus de l'étiage.

Tableau indiquant la succession des assises géologiques représentées sur la carte.

FORMATIONS de recouvrem^t

- **Actuelles.** — Alluvions récentes, correspondant aux grandes crues.
- **Quaternaires ou Pleistocènes**
  - Alluvions anciennes.
  - Sable des Landes. — Dépôt superficiel de l'Entre-deux-Mers.

TERRAINS TERTIAIRES.

Néogène.

- **Pliocène.** — Manque.
- **Miocène**
  - **Messinien.** — Manque.
  - **Sarmatien.** — Manque.
  - **Tortonien.** — Manque.
  - **Helvétien.**
    - Faluns de Cazenave et de la Sime (Saucats), à *Cardita Jouanneti.*
    - Mollasse de Martignas.
  - **Langhien.**
    - **Sup^r.** — Faluns blanc jaunâtre de Saucats
      - *b.* Pont Pourquey, } et de
      - *a.* Gieux, La Coquillière, } estas
    - **Moy.** — Faluns-types de Léognan.
      - *b.* Falun bleu du bois de Léognan, de Lagues, de Moras.
      - *a.* Falun jaune du Coquilla (Léognan), de La Cassagne (Saucats).
    - **Inf^r.**
      - *Faciès mollassique.* — Mollasse ossifère de Léognan, Canéjan, St-Médard-en-Jalle.
      - *Faciès falunien.* — Faluns inf^rs de Léognan (Thibaudeau, Château Olivier, Château du Thil sup^r): de Saucats (Giraudeau ou M^in de l'Eglise, Le Peloua); de Mérignac (niveau sup^r de la prop. Baour); de Pessac (Ferme-Ecole); du Château de Gajac, etc.
- **Oligocène**
  - **Aquitanien**
    - **sup.**
      - 5° Calc. lacustre sup de la route du Son.
      - 4° Faluns de Lariey et de la route du Son.
      - Faluns de Mérignac (type), de Martillac (p parte), du Thil inf. de Pessac (Ferme-Ecole inf^e), de Cabanac (Pouquet), etc.
      - Plaquettes à *Dreissena* et *Potamides* de Ste-Croix-du-Mont. — 3° Calc. lacustre inf. de la route du Son.
    - **moy.**
      - Calc. sableux marin (Mollasse coquillère) de Ste-Croix-du-Mont. *Idem* et argiles à *O. aginensis* inférieurement, de St-Martial, Gornac, Castelvieil, Mourens.
      - Roche sableuse jaune de la vallée de Saucats.
      - Faluns de Lassalle, de Martillac (La Garde), etc.
    - **inf.**
      - Calc. d'eau douce de l'Entre-deux-Mers, avec argiles grises passant inférieurement aux argiles à concrétions calcaires.
      - Argiles bleues à *Neritina Ferussaci* des vallées de la rive gauche, passant inférieurement aux argiles panachées à concrétions calcaires.

Paléogène ou Nummulitique.

- **Oligocène** (suite)
  - **Tongrien**
    - **sup. Stampien**
      - Mollasse argilo-sableuse des environs de Sauveterre, Saint-Martial, etc. (Mollasse inférieure de l'Agenais).
      - Calcaire à Astéries.
      - Argiles à *Ostrea longirostris* et *girondica.* — Argiles à [illegible].
    - **inf. Infra-tongrien**
      - Calc lacustre de Carensac, Morizès (représentant le calc de Castillon et de Civrac).
      - Mollasse du Fronsadais. Argiles infra-mollassiques et argiles à Anomies du Médoc.
      - Système argileux et mollassique de la vallée du Dropt.
- **Éocène**
  - Priabonien. — Calcaire marin de Saint-Estèphe (Moulis, Castelnau, Margaux).
  - Bartonien (n'affleure pas) (1).
  - Lutétien (n'affleure pas).
  - Suessonien (n'affleure pas et douteux dans la profondeur).

Terrains secondaires

- **Crétacé**
  - Garumnien (manque).
  - Maëstrichtien. — Couches supérieures de Villagrains.
  - Campanien. — Couches inférieures de Villagrains.

(1) Présente peut-être une trace à l'O. du point indiqué Margaux.

www.ingramcontent.com/pod-product-compliance
Ingram Content Group UK Ltd.
Pitfield, Milton Keynes, MK11 3LW, UK
UKHW022146190726
13855UKWH00004B/1365

9 782013 443531